Mara Klahr

Prävention und Therapie des Diabetes Typ 2 bei Kindern und Jugendlichen

Theoretischer Hintergrund, Ansätze und Strategien

GRIN Verlag

Bibliografische Information der Deutschen Nationalbibliothek:

Die Deutsche Bibliothek verzeichnet diese Publikation in der Deutschen Nationalbibliografie; detaillierte bibliografische Daten sind im Internet über http://dnb.d-nb.de/ abrufbar.

Impressum:

Druck und Bindung: Books on Demand GmbH, Norderstedt Germany
ISBN: 978-3-668-01162-5

Dieses Buch bei GRIN:

http://www.grin.com/de/e-book/303057/praevention-und-therapie-des-diabetes-typ-2-bei-kindern-und-jugendlichen

Fachbereich Oecotrophologie

Ernährung, Gesundheit und Lebensmittelwirtschaft

Prävention und Therapie des Diabetes mellitus Typ 2 bei Kindern und Jugendlichen

Prüfungsleistung im Modul Ernährungserziehung und Beratung
Abgabedatum: 25.07.2014

Mara Sophia Klahr

Oecotrophologie

Sommersemester 2014

Inhaltsverzeichnis

Abbildungsverzeichnis

Tabellenverzeichnis

1 Einleitung

Weltweit nimmt die Zahl der Menschen, die an Diabetes mellitus Typ 2 erkrankt sind, stetig zu. In Deutschland wurde bei etwa 6 Millionen Menschen Diabetes diagnostiziert, wovon 95 % von Diabetes mellitus Typ 2 betroffen sind. Die Dunkelziffer ist dabei aufgrund unspezifischer oder fehlender Symptome sehr hoch (Rathmann, Tamayo. 2014, 8). Was früher als „Altersdiabetes" bekannt war, trifft nun auch immer mehr Kinder und Jugendliche. In Deutschland erkranken jährlich etwa 200 Kinder an Diabetes Typ 2. Grund hierfür ist oft ein aus falscher Ernährung und mangelnder Bewegung entstandenes Übergewicht. Der weltweit jüngste Patient mit Diabetes mellitus Typ 2 ist bei einem Gewicht von 40 kg gerade einmal fünf Jahre alt. Das Thema Diabetes mellitus Typ 2 bei Kindern und Jugendlichen ist daher von höchster Aktualität und Brisanz (Nieber. 2014).

In dieser Hausarbeit sollen zunächst die Krankheit und deren Ursachen genauer beleuchtet werden und anschließend Therapie- und Präventionsmöglichkeiten aufgezeigt werden. Hierbei spielt vor allem die Behandlung und Prävention von Übergewicht eine große Rolle. Für Oecotrophologen ist es wichtig, sich mit den möglichen Folgen dieser Krankheit auseinanderzusetzen und die Therapiemöglichkeiten zu kennen. Langfristig gesehen, ist es wahrscheinlich, dass noch mehr Menschen aufgrund dieser Krankheit ernährungstechnisch beraten werden müssen, um das Risiko an Folgeschäden zu erkranken, zu verringern. Ein wichtiger Aspekt ist allerdings auch die Prävention. Die Risiken, die ein Diabetes mellitus Typ 2 mit sich bringt sollten gekannt und ernstgenommen werden, damit die Bevölkerung sich und ihren Kindern einen gesünderen Lebensstil aneignet und die Betroffenenzahlen in Zukunft rückläufig sind, oder wenigstens stagnieren.

2 Theoretischer Hintergrund

Im Folgenden soll zunächst der Hintergrund zu Diabetes mellitus Typ 2 genauer beleuchtet werden. Dazu werden zunächst das Krankheitsbild und die daraus resultierenden Folgen beschrieben und anschließend die Entwicklung der Betroffenenzahlen und die dafür möglichen Ursachen aufgezeigt.

2.1 Definition Diabetes

Diabetes ist eine Stoffwechselerkrankung, welche dazu führt, dass der Körper aufgenommene Energie nicht verwerten kann. Der Blutzucker ist dadurch erhöht (Hyperglykämie). Hyperglykämien können kurzfristig zu Polyurie (erhöhte Urinausscheidung), Polydipsie (gesteigertes Durstempfinden), Infektanfälligkeit oder Ketoazidose (schwerwiegende Stoffwechselentgleisung durch Insulinmangel) mit Komagefahr führen. Diese kurzfristigen Schäden treten als Symptome von jeder Diabetesform auf. Langfristig erhöhte Blutzuckerwerte können zu Funktionsstörungen verschiedener Gewebe und Organe, zum Beispiel der Augen, Nieren, Nerven oder Blutgefäße führen (Roden. 2004, 156).

Man unterscheidet zwischen verschiedenen Formen (siehe Tabelle 1). Der Diabetes mellitus Typ 1 ist durch einen kompletten Insulinmangel gekennzeichnet. Die ß-Zellen des Pankreas werden dabei durch autoimmunologische Mechanismen zerstört und stellen kein Insulin mehr her. Beim Diabetes mellitus Typ 2 (im weiteren Verlauf T2DM) hingegen ist von einer Insulinresistenz und einer relativen Verminderung der Insulinsekretion auszugehen (Holl et al. 2001, 660). Typischerweise ist hier nur die glukoseabhängige Insulinsekretion gestört und die basale Grundversorgung ist noch vorhanden. Diese Dysfunktionen sind meist schon vor dem eigentlichen Auftreten des Diabetes allein, oder auch im Zusammenhang mit dem metabolischen Syndrom mit erhöhtem Risiko für Erkrankungen der Blutgefäße, vorhanden. Vom metabolischen Syndrom spricht man, wenn eine Kombination von gestörtem Kohlenhydratstoffwechsel, Bluthochdruck, schlechtem Cholesterinspiegel und Adipositas vorliegt (Roden. 2004, 156).

Tabelle 1 Diabetesformen

Heute gültige Einteilung der Diabetesformen [1, 2, 14]

Diabetes	Formen	
Typ-1-Diabetes	• Autoimmunologisch bedingter Insulinmangeldiabetes • Idiopathischer, nichtimmunologischer Typ-1-Diabetes	
Typ-2-Diabetes	Ursache: verminderte Insulinwirkung, gestörte, jedoch nicht völlig versiegende Insulinbildung	
Andere spezifische Diabetestypen	A: Genetische Defekte der β-Zell-Funktion	MODY-Diabetes Mitochondrialer Diabetes
	B: Genetische Defekte der Insulinwirkung	Insulinrezeptormutationen: Leprechaunismus, Rabson-Mendenhall, lipoatropher Diabetes, Insulinresistenz Typ A
	C: Erkrankungen des exokrinen Pankreas	CF-assoziierter Diabetes. Hämochromatose/Hämosiderose
	D: Endokrinopathien	
	E: Medikamenten(Chemikalien)-induzierter Diabetes	
	F: Infektionen	
	G: Seltene immunologische Diabetesformen	
	H: Genetische Syndrome, die mit Diabetes assoziiert sein können	Trisomie 21, Turner-Syndrom, Wolfram-Syndrom, Prader-Willi-Syndrom etc.
Schwangerschaftsdiabetes		

(Holl et al. 2001, 662)

Da ein T2DM meist mit einer ungesunden Lebensweise, Übergewicht und Bluthochdruck einhergeht, ist das Risiko an mikro- und makrovaskulären Komplikationen zu erkranken erhöht. Das Modell „Mellibase" hat auf Grundlage von 307 T2DM-Erkrankten das mittlere Durchschnittsrisiko für das Auftreten einzelner Komplikationen in den nächsten 10 Jahren berechnet. Demnach ist zu erwarten, dass 18,9 % einen Herzinfarkt, 19,2 % einen Schlaganfall, 3,2 % eine Amputation, 6,1 % einen dialysepflichtigen Nierenschaden und 4,0 % eine Erblindung erleiden. Zu beachten hierbei ist, dass das Risikopotential für den einzelnen Betroffenen stark schwankt (Häussler, Berger. 2004, 28). Die Wahrscheinlichkeit an einer solchen Folgekomplikation zu leiden, kann durch das Einhalten der Zielwerte der nationalen Versorgungsrichtlinie stark gesenkt werden. Eine individuelle und konsequente Therapie von T2DM-Patienten ist daher von großer Bedeutung. Angestrebt werden sollten ein HbA_{1c}-Wert von unter 6,5 %, ein systolischer Blutdruck unter 130 mmHg, ein Gesamtcholesterinwert unter 185 mg/dl, sowie ein HDL-Wert unter 46 mg/dl (Häussler, Berger. 2004, 29).

2.2 Historische Entwicklung

Im folgenden Abschnitt sollen die Entwicklung der Diabetes-Prävalenz und die dafür möglichen Ursachen aufgezeigt werden.

Laut Robert-Koch-Institut ist die Diabetesprävalenz in den letzten 10 Jahren von 5,2 % auf 7,2 % gestiegen. Demnach ist die Zahl der Betroffenen in Deutschland um 1,3 Millionen auf 4,6 Millionen gewachsen. Zu beobachten war, dass die Zahl der betroffenen Männer sich mit 49 % stärker erhöht hat, als die Zahl der betroffenen Frauen (30 %). Diesen Anstieg kann man nur zu 14 % auf den demographischen Wandel zurückführen. Eine größere Rolle in der Entwicklung spielt die Veränderung des Lebensstils und der Lebensbedingungen. Da also auch die schlechtere Ernährung und die geringere körperliche Aktivität eine nicht unerhebliche Rolle spielen, ist es nicht weiter verwunderlich, dass auch die Zahl der Kinder mit T2DM ansteigt. Zu beachten ist außerdem, dass die Dunkelziffer relativ hoch ist. Ermittelt werden kann diese Zahl über eine Blutwertanalyse der HbA_{1c}-Werte und über die Nüchternglukosewerte. Bei einer Stichprobenahme bei Männern und Frauen zwischen 20 und 79 Jahren konnte die Prävalenz des unbekannten Diabetes auf 2 % geschätzt werden. Diese Dunkelziffer bezieht sich allerdings nicht auf Kinder und Jugendliche (Rathmann, Tamayo. 2014, 10).

Die Inzidenz für T2DM steigt auch bei den Kindern und Jugendlichen an (s. Abbildung 1). Hierbei fällt auf, dass vor allem der asiatische Raum betroffen ist. Aber auch der prozentuale Anteil an Neuerkrankungen in Deutschland steigt zunehmend an.

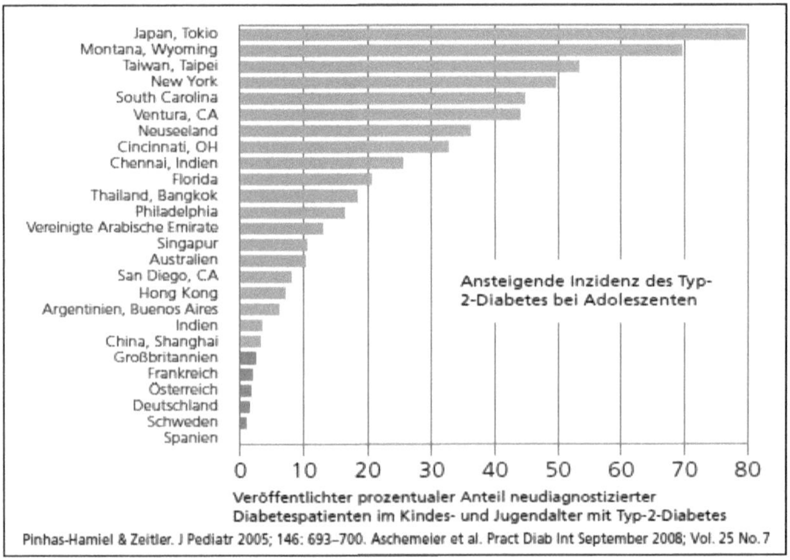

Abbildung 1 steigende Inzidenz des T2DM bei Jugendlichen
(Danne, Ziegler. 2014, 127)

Die Gründe hierfür liegen auch wieder in der steigenden Zahl der Adipositas-Erkrankten. In Deutschland sind 6 % der Kinder adipös, 13 % übergewichtig. Davon haben circa 10 % eine Glukosetoleranz-Störung. In Deutschland erkranken jährlich etwa 200 Kinder und Jugendliche an T2DM (s. Tabelle 2).

Tabelle 2 Diabetesformen bei Kindern und Jugendlichen

Typ-1-Diabetes	24.700
Typ-2-Diabetes	239
MODY-Diabetes	273
Konnataler Diabetes (< 6 Monate)	28
Diabetes bei Mukoviszidose	113
Diabetes bei anderen Pankreaserkrankungen	41
Diabetes bei Trisomie 21	83
Diabetes bei anderen genet. Syndromen	31
Mitochondrialer Diabetes	7
Insulinrezeptormutationen	5
Andere sekundäre Diabetesformen	61
Nicht definitiv zuordenbare Diabetesformen	80

(Danne, Ziegler. 2014, 141)

Dies entspricht einem fünffach-höheren Wert im Vergleich zu den letzten 10 Jahren (Danne, Ziegler. 2014, 128). Betroffen sind vor allem schwer adipöse Jugendliche, wobei die Mädchen mit 65 % noch stärker betroffen sind, als die Jungen. Derzeit werden etwa 5 % der Diabetes-Neuerkrankungen dem T2DM zugeordnet. Auch diese Zahl stieg in den letzten Jahren an (s. Abbildung 2).

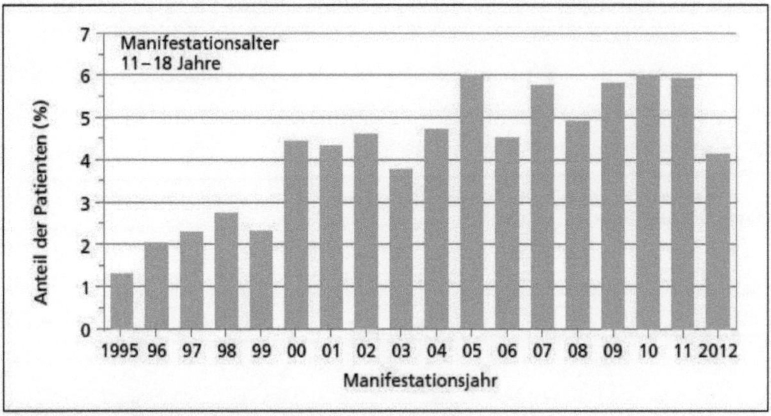

Abbildung 2 Prozentualer Anteil T2DM bei DM-Neuerkrankungen
(Danne, Ziegler. 2014, 142)

Zusammenfassend lässt sich also sagen, dass die steigende Zahl an T2DM Neuerkrankungen im Zusammenhang mit der steigenden Zahl an adipösen und übergewichtigen Kindern und Jugendlichen steht. Im weiteren Verlauf der Hausarbeit sollen nun Therapie- und Präventionsmöglichkeiten aufgezeigt werden.

3 Ansätze und Strategien

Um die Anzahl der an T2DM und Adipositas erkrankten Kinder zu vermindern und deren Beschwerden zu reduzieren gibt es verschiedene Ansätze und Strategien. Hierbei sind zunächst Präventionsmaßnahmen von Therapien zu unterscheiden.

„Prävention bezeichnet vorbeugende Maßnahmen zur Vermeidung unerwünschter Ereignisse“ (Banzer et al. 2010, 274). Des Weiteren ist hierbei zwischen Primär- (Risikoschutz bei Gesunden), Sekundär- (Vorsorgemaßnahmen für die Frühdiagnostik) und Tertiärprävention (nach der Krankheit um Folgeschäden zu vermeiden) zu differenzieren. Hierbei gibt es stets zwei Ansatzmöglichkeiten, die Verhältnis- und die Verhaltensprävention. Bei der Verhaltensprävention wird darauf abgezielt, ein gesundheitsgerechtes Verhalten und die Vermeidung von risikoreichem Handeln zu erreichen. Verhaltensprävention findet auf individueller Ebene statt. Die Verhältnisprävention im Gegensatz dazu findet auf Gesellschaftsebene statt und zielt darauf ab, gesundheitsförderliche Strukturen zu errichten (Banzer et al. 2010, 274f.). Die Prävention des T2DM sollte auf beiden Ebenen stattfinden. Das heißt sowohl in Form von Verhaltensprävention, wobei versucht wird individuell und zielgruppenspezifisch den T2DM und das metabolische Syndrom zu verhindern, als auch in Form von Verhältnisprävention, also indem man auf Bevölkerungsebene einen gesundheitsförderlichen Lebensstil stärkt (Hauner et al. 2005, 2).

Therapie hingegen meint nur die Behandlung und das Heilverfahren einer Krankheit mit dem Ziel der Beseitigung der Beschwerden und der Krankheitsanzeichen, sobald schon eine gesundheitliche Einschränkung eingetreten ist (Banzer et al. 2010, 274).

3.1 Präventionsmaßnahmen

Im Folgenden sollen die möglichen Präventionsmaßnahmen für Kinder und Jugendlichen mit einem Risiko für, oder einem bereits bestehenden T2DM aufgezeigt werden. In diesem Zusammenhang wird natürlich auch auf die Prävention von Adipositas eingegangen, da diese Erkrankung wie bereits erwähnt einen hohen Risikofaktor für T2DM darstellt. Präventionsmaßnahmen sind neben dem gesundheitlichen Gewinn für den Patienten auch insofern sinnvoll, als dass sie kostengünstiger sind als die Behandlung der Erkrankung. Zudem ist zu erwarten, dass durch die Prävention von T2DM ein gesünderer Lebensstil erreicht wird, welcher auch das Risiko für Herz-Kreislauf-Erkrankungen, Dickdarmkrebs und degenerative Gelenkserkrankungen senken kann (Hauner et al. 2005, 3).

3.1.1 Präventionsmaßnahmen beim Einzelnen – Verhaltensprävention

Um mit der Prävention beim Einzelnen zu beginnen, sollte zunächst bekannt sein, welche Menschen zu den Risikogruppen gehören. Für die Risikogruppen spielen Präventionsmaßnahmen eine noch größere Rolle, als für den Rest der Bevölkerung. Konzentriert man sich bei der Verhaltensänderung auf folgende modifizierbare Risikofaktoren und arbeitet an diesen, kann das Risiko an T2DM zu erkranken gesenkt werden. Ein erhöhtes Risiko stellen Übergewicht und Adipositas, mangelnde Bewegung, ungesunde Ernährung und eine Störung des Glukose-Stoffwechsels dar. Außerdem zu beachten sind Patienten mit Hypertonie und Fettstoffwechselstörungen, welche oft in Kombination mit einem gestörten Glukose-Stoffwechsel auftreten. Menschen, die an Depressionen leiden, die infolge von mangelnder Bewegung und unausgewogener Ernährung auftreten können, stellen zusätzliche eine Risikogruppe dar (Lindström, Neumann, Sheppard. 2010, 138).

Die Primärprävention, also die Präventionsmaßnahmen, welche stattfinden sollen, bevor die Krankheit ausgebrochen ist, sollte sich bei der Verhaltensprävention von T2DM in erster Linie damit beschäftigen, einen gesünderen Lebensstil zu erreichen. Dazu gehören ein gesünderes Essverhalten und mehr Bewegung. Eine Verhaltensänderung ist sehr komplex. Um ein bestehendes Verhalten zu verändern, ist individualisierte Beratung und Intervention, Motivierung bei der Zielsetzung und der Aktionsplanung und des weiteren eine längerfristige Unterstützung sinnvoll, damit auch bleibende Erfolge erzielt werden können (Lindström, Neumann, Sheppard. 2010, 146). Wichtig ist, dass jeder Einzelne für sein

Verhalten und seine Verhaltensänderung selbst verantwortlich ist. Als Berater sollte man nur unterstützend zur Seite stehen, allerdings keine höhere Position einnehmen. Eine Verhaltensänderung kann nur dann funktionieren, wenn die betroffene Person die Entscheidung zur Lebensstiländerung selbst gefällt hat. Aufgezwungene Maßnahmen funktionieren in aller Regel nicht. Überträgt man diese Informationen nun auf die Verhaltensprävention bei Kindern und Jugendlichen mit einem erhöhten T2DM-Risiko, ist es also zunächst von größter Bedeutung, bei den Kindern und Jugendlichen ein Bewusstsein dafür zu schaffen, welche Risiken ihr Lebensstil birgt. Erst wenn der Wille zu einer Änderung des Verhaltens da ist, kann man mit einer Veränderung des Ernährungs- und Bewegungsstils beginnen. Hierbei ist es wichtig, weiterhin zu motivieren und Ziele zu definieren (Lindström, Neumann, Sheppard. 2010, 146). Ein Interventionsprogramm zur Verhaltensänderung sollte stets Unterstützung bei Veränderungen im Ess- und Bewegungsverhalten und der Selbstbeobachtung und Selbstregulation geben. Es sollten SMART-Ziele, also spezifische, messbare, erreichbare, relevante und terminbezogene Ziele gemeinsam gesetzt werden. Ein Aktionsplan, welcher auch die Bewältigungsstrategien bei Problemen beinhaltet ist von Vorteil. Ebenso wichtig ist die soziale Unterstützung. Gerade bei Kindern und Jugendlichen sollte die Familie mit einbezogenen werden. Soziale Unterstützung kann sowohl emotional, als auch praktisch oder informativ sein (Lindström, Neumann, Sheppard. 2010, 147).

Wie bereits erwähnt spielen besonders die körperliche Bewegung und die Ernährung eine große Rolle bei der T2DM-Prävention. „Körperliche Aktivität umfasst die gesamte Bandbreite menschlicher Bewegung“ (Lindström, Neumann, Sheppard. 2010, 149). Dazu zählen sowohl Bewegungen im Alltag, als auch bewegungsintensivere Hobbys und Sport. Man kann seine körperliche Aktivität also in nahezu allen Bereichen des Lebens steigern und somit viele gesundheitsförderliche Körperaspekte erreichen. Körperliche Aktivität ist von großer Bedeutung, da sie den Blutdruck senkt, die Körperzusammensetzung und die Blutfettwerte, Blutglukosewerte und Insulinsensitivität verbessert und das Wohlbefinden steigert. Es sollten realistische und individuelle Ziele gesteckt werden. In jedem Fall sollte die tägliche körperliche Aktivität gesteigert werden. So könnte Schülern zum Beispiel vorgeschlagen werden, wenn möglich, statt mit dem Bus mit dem Fahrrad zur Schule zu fahren. In der Woche sollte man an mindestens fünf Tagen für mindestens 30 Minuten körperlich aktiv sein. Hilfreich ist es, körperliche Aktivitäten zu finden, die auch Spaß machen. Kinder und Jugendliche könnten in einem Sportverein verschiedene Angebote testen, bis sie das am besten zu ihnen passende gefunden haben. Hierbei könnten gleichzeitig auch soziale Kontakte geknüpft werden und durch die Gruppendynamik fällt die Motivation zum Sport eventuell leichter (Lindström, Neumann, Sheppard. 2010, 150).

Wie auch bei Gesunden und Menschen ohne T2DM-Risiko ist eine ausgewogene, nahrhafte und genussvolle Ernährung von großer Bedeutung. Ernährung kann auch ausschlaggebend für seelisches und soziales Wohlbefinden sein. Das Risiko für einen Diabetes reduziert sich wesentlich, wenn übergewichtige Menschen 5 % oder mehr des Körpergewichts abnehmen. Des Weiteren verringert eine gesunde Ernährung auch das Risiko für kardiovaskuläre Erkrankungen. Die Empfehlungen für die Lebensmittelauswahl entsprechen denen der Deutschen Gesellschaft für Ernährung (DGE). Es sollten fünf Portionen Obst und Gemüse am Tag, bevorzugt Vollkornprodukte und pflanzliche Fette, fettreduzierte Milch- und Fleischprodukte und reduziert Glukose (<50 g/d) aufgenommen werden. Die Energieaufnahme sollte an das Körpergewicht angepasst sein und dazu dienen, ein gesundes Körpergewicht zu erreichen oder zu halten. Die Gesamtenergiezufuhr durch Kohlenhydrate sollte dabei bei 50 % liegen, die durch Fette 30 % nicht übersteigen. Das folgende Tellermodell kann den Kindern und Jugendlichen helfen, eine gesunde Mahlzeit zusammenzustellen (Lindström, Neumann, Sheppard. 2010, 151).

Abbildung 3 Gesunde Mahlzeitenzusammenstellung
(Nestlé. 2013)

Von weiterer Bedeutung bei der Verhaltensprävention von T2DM sind die Verminderung von Stress und Depressionen und genügend Schlaf, da ein Schlafmangel das hormonelle Gleichgewicht stört, welches die Nahrungsaufnahme und die Energiebilanz reguliert (Lindström et al. 2010, 153).

Die Sekundärprävention, welche Vorsorgemaßnahmen für die Frühdiagnostik umfasst, findet eher im Rahmen der Verhältnisprävention statt. Hier geht es darum, ein System aufzustellen, mit dem große Bevölkerungsgruppen erreicht werden können. Diese sollten an einem Screening oder einer Risikobewertung teilnehmen, um die mögliche T2DM-Erkrankung möglichst früh zu diagnostizieren und behandeln zu können (Banzer et al. 2010, 284). Mehr dazu wird unter Punkt 3.1.2 erläutert.

Die Maßnahmen der Tertiärprävention, welche die Folgeerkrankungen möglichst gering halten sollen (Banzer et al. 2010, 274), überschneiden sich stark mit den Therapiemaßnahmen und werden daher im Punkt 3.2 aufgegriffen.

3.1.2 Präventionsmaßnahmen auf Bevölkerungsebene – Verhältnisprävention

Noch wichtiger als die Verhaltensprävention ist die Verhältnisprävention. Da inzwischen fast jeder dritte Deutsche im Laufe seines Lebens an T2DM erkrankt, ist es erforderlich, nicht nur das Verhalten des Einzelnen zu ändern, sondern für ein gesundheitsförderlicheres Lebensumfeld zu sorgen. Dafür sollten Programme entwickelt werden, welche nicht nur auf den Diabetes spezialisiert sind, sondern für die Altersgruppe Kinder und Jugendliche einen Ansatz bringt, welcher Prävention und Gesundheitsförderung in deren Lebensumfeld festigt. Die Primärpräventionsmaßnahmen auf Bevölkerungsebene haben im Prinzip die gleichen Ziele, wie die der Verhaltensprävention. Es sollte ein normales Körpergewicht, gemessen an einem BMI unter 25 kg/m^2, eine gesunde und ausgewogene Ernährung (also fettmoderat und ballaststoffreich) und eine regelmäßige Bewegung, also an mindestens fünf Tagen die Woche 30 Minuten, beinhalten. Diese Empfehlungen und Ziele sind diabetesunspezifisch. Sie gelten für alle Bevölkerungsgruppen, unabhängig von Alter und Krankheitsgeschichte der Familie (Hauner et al. 2005, 3f.).

Bei der Verhältnisprävention kommt es darauf an, die komplette Umwelt gesundheitsförderlicher zu gestalten, beziehungsweise so zu gestalten, dass gesundheitsförderliche Alternativen bevorzugt ausgewählt werden. Die World Health Organization (WHO) hat diesbezüglich einige Richtlinien erstellt. Demnach müssen verschiedene Bereiche, also Unternehmen, Schulen, Arbeitgeber und Medien, mehr Verantwortung übernehmen, um einen ungesunden Lebensstil und somit der weiteren Verbreitung von Adipositas und damit einhergehenden Erkrankungen wie T2DM entgegenzuwirken. Von besonderer Bedeutung ist es, den Bürgern zu vermitteln, inwiefern sich Ernährung und Bewegung auf den Körper auswirken. Es sollten kurze, klare und auf die Zielgruppe angepasste Botschaften erstellt werden, welche über staatliche und nicht-staatliche Organisationen, sowie über die Medien verbreitet werden sollten (WHO. 2004, 9).

Da das Verhalten Einzelner besonders in dem Lebensumfeld, also durch Schulen, dem Arbeitsumfeld, im Sportverein oder bei anderen Freizeitaktivitäten beeinflusst werden kann, müssen sich die Bedingungen in diesen Bereichen ändern. Ein Anfang wäre hierbei, in den Mensen und Kantinen eine Höchstmenge für den Zucker-, Fett- und Salzgehalt festzulegen und Produkte aus Zusammenarbeit mit lokalen Märkten zu beziehen (WHO. 2004, 11). Außerdem sollten bereits in der Grundschule die Aspekte eines gesunden Lebensstils und dessen Wichtigkeit Inhalte des Lehrplans sein (WHO. 2004, 9). Da Werbung gerade Kinder maßgeblich beeinflussen kann, sollten Regierungen dafür Sorge tragen, dass während Kinderprogrammen keine Werbung mehr für Essen und Alkoholika gesendet wird. Generell sollten Werbungen, die einen gesundheitsförderlichen Lebensstil befürworten subventioniert werden, während Werbungen, welche schlechte Essgewohnheiten und Inaktivität hervorrufen könnten, weniger gesendet werden sollten (WHO. 2004, 9).

Des Weiteren sollten Produkte besser gekennzeichnet werden, um dem Verbraucher zu ermöglichen, eine schnellere und leichtere Entscheidung für die gesunden Produkte zu treffen (WHO. 2004, 9). Ein Ansatz hierfür wären die in der Vergangenheit viel diskutierten Lebensmittel-Ampeln. Diese sollten schon auf der Vorderseite die einzelnen Nährstoffgehalte eines Produktes mit den Farben einer Ampel angeben. Wäre hierbei zum Beispiel die Energiemenge eines Lebensmittels rot gekennzeichnet, ist für den Verbraucher direkt erkennbar, dass aufgrund der hohen Energiemenge über den Konsum des Lebensmittels ein weiteres Mal nachgedacht werden sollte. Die EU hat sich 2011 allerdings gegen eine Pflicht zur Einführung dieser Ampeln entschieden (foodwatch. 2011).

Auch die Notwendigkeit, Bewegung in den Alltag einzubauen, sollte in verschiedenen Sektoren aufgenommen werden. Die Lebensumgebung sollte so aufgebaut werden, dass Bewegung direkt bewusst und unbewusst mit in den Alltag integriert wird. Es sollten klare und kurze Botschaften bezüglich der Quantität und der Intensität des Sportes, verfasst werden. In den Schulen sollte jeden Tag ein kurzer Sportunterricht stattfinden (WHO. 2004, 11).

Die Regierungen sollten weniger Anreize für die Fleisch-, Alkohol-, Fett- und Zuckerproduktion geben, sodass diese Produkte teurer werden. Gleichzeitig sollten Obst und Gemüse stärker subventioniert werden, um hier die Preise zu senken und so die Entscheidung der Verbraucher über den finanziellen Aspekt zu den gesunden Produkten zu lenken (WHO Regional Office for Europe. 2006, 5).

Städte sollten mehr Fuß- und Radwege, sowie öffentliche Parks und Sportplätze zur Verfügung stellen. Neue öffentliche Gebäude und Kaufhäuser sollten so gebaut werden, dass eher Treppen als Fahrstühle oder Rolltreppen benutzt werden. So wird den Bürgern mehr Bewegung im Alltag möglich gemacht (WHO Regional Office for Europe. 2006, 5).

Betrachtet man die Verhältnisprävention, muss auch die Sekundärprävention mit aufgeführt werden. Hierbei geht es, wie im Punkt 3.1.1 bereits beschrieben, um die Früherkennung von Krankheiten. Erkennt man einen T2DM früh genug, ist davon auszugehen, dass schon eine Lebensstiländerung wieder zu normalen Blutglukosewerten führen kann, und keine weitere Gabe von Medikamenten mehr notwendig sein wird (Hauner et al. 2005, 3). Die Rahmenbedingungen für eine Früherkennung müssen weiter verbessert und gefördert werden. Es sollten mehr Bürger Risiko-Fragebögen verwenden und regelmäßige Blutglukose-Bestimmungen durchführen (Hauner et al. 2005,3). Dazu müssten motivierende Maßnahmen für die Teilnahme an diesen Gesundheitsprogrammen geschaffen werden. Auch in allen Medien sollten mehr fundierte Informationen verbreitet werden und bei Routine-Arztbesuchen vermehrt Risikoanalysen durchgeführt werden (Banzer et al. 2010, 284). Hierzu wurde unter anderem auch von dem Deutschen Institut für Ernährungsforschung (DIfE) ein Risiko-Score-Fragebogen entwickelt. In diesem werden anthropometrische Merkmale, sowie Informationen zum Lebensstil (Bewegung, Rauchverhalten) und zur Ernährung (Vollkornprodukte, Alkohol, Fleisch) abgefragt. Dieser Risiko-Score ermöglicht die Voraussage für die Erkrankungswahrscheinlichkeit in den nächsten fünf Jahren. Derzeit eignet sich dieser Fragebogen allerdings nur für Personen zwischen 35 und 65 Jahren. Grundlage für die Berechnung ist die EPIC-Potsdam-Studie, eine prospektive Kohortenstudie (DIfE. 2007). Erzielt man hier einen hohen Risiko-Score, wird ein Diabetes vermutet, hier sollte in jedem Fall ein Arzt aufgesucht werden, welcher den T2DM im Labor diagnostizieren kann. Bei einem leicht erhöhten Wert geht man von einem erhöhten Risiko aus. Dies erfordert Interventions- und Präventionsmaßnahmen (Banzer et al. 2010, 288). Dazu werden zu dem Fragebogen auch Hinweise und Informationen zu einem gesünderen Lebensstil gegeben. Ändert man seine Ernährung, verringert sein Übergewicht und baut Bewegung in den Alltag ein, kann ein geringerer Score erzielt werden (DIfE. 2007).

3.2 Therapie

Zur T2DM-Therapie gehört die direkte Behandlung der Erkrankung durch Medikamenteneinnahme oder durch Lebensstiländerungen (Tertiärprävention), ebenso wie die Psychotherapie, welche den Betroffenen helfen soll, die Krankheit zu akzeptieren, und ihre Ängste zu bewältigen (Fiedler. 2005, 214). Im folgenden Teil soll zunächst kurz die Therapie durch Medikamente und Ernährungsumstellung aufgegriffen werden. Anschließend sollen die Möglichkeiten der Psychotherapie aufgezeigt werden.

Da es nicht eine einzige zu empfehlende Ernährungsweise oder Insulintherapie gibt, muss in jedem Fall die persönliche Therapie individuell in Abstimmung mit einem Arzt bestimmt werden. Die Ziele einer Therapie sind normale Blutgluksoewerte zu erreichen und die Langzeitschäden möglichst gering zu halten. Dazu müssen Essen, Insulin und Bewegung aufeinander abgestimmt werden. Da es im Zusammenhang mit T2DM oft auch zu makrovaskulären Erkrankungen kommt, ist es wichtig, auch ein ausgewogenes Verhältnis der einzelnen Fettsäuren zu erreichen und den Cholesterinwert im Normbereich zu halten. Grundsätzlich gilt, dass Kohlenhydrate nicht gemieden werden sollten, aber die Energiezufuhr generell so angepasst wird, dass eine normale körperliche Entwicklung der Kinder und Jugendlichen möglich ist, wobei im Verlauf der Zeit auch eventuell bestehendes Übergewicht abgebaut werden sollte. Es sollte kein fester Speiseplan aufgestellt werden. Die Variabilität und Individualität im Essen sollte erhalten bleiben. Dazu müssten Patienten ernährungstechnisch geschult werden, fähig sein ihren Blutglukosewert vor und nach dem Essen zu messen und zu interpretieren und den Zusammenhang von Kohlenhydratzufuhr und Blutglukosewerten verstehen (Franz. 2001, 174). Bei T2DM-Patienten wird zunächst versucht, die Blutglukosewerte allein durch eine Ernährungstherapie zu stabilisieren. Bleibt hierbei der Erfolg aus, muss der Diabetes zudem medikamentös behandelt werden. Hierbei wird zunächst die Therapie mit oralen Antidiabetika gewählt, welche entweder die Insulinsensitivität steigern oder die Insulinproduktion stimulieren. Sind die Blutglukosewerte mit dieser Therapie noch immer erhöht, wird der Diabetes mit Insulininjektionen behandelt (BÄK. 2013, 43).

Da T2DM eine Erkrankung ist, welche nach Rücksprache mit dem Arzt überwiegend selbst behandelt wird und ein hohes Maß an Selbstbeherrschung in der Lebensweise erfordert, gilt Diabetes als „einer der Prototypen für die psychologisch begleitete Krankheitsbewältigung" (Fiedler. 2005, 215). Eine therapeutische Betreuung kann also zusätzlich zu einer medizinischen Behandlung sinnvoll sein. Dabei gibt es individuell unterschiedliche Ziele. Einige davon sind das Erlernen geeigneter Selbstmanagementstrategien, die Verbesserung der Krankheitsakzeptanz und die Unterstützung der emotionalen Krankheitsbewältigung, der Abbau psychosozialer Belastungen, sowie die bessere Bewältigung von Krankheitssymptomen und Folgen. Diese Ziele können durch Gesprächsangebote oder Einzel- und Gruppenschulungen erreicht werden (Fiedler. 2005, 215).

Wie bereits beschrieben, kann eine Gewichtsabnahme bereits zu einer Verbesserung der Insulinsensitivität führen. Daher wird in der therapeutischen Therapie in Gruppenbehandlung versucht, das Übergewicht abzubauen. Die Therapie hierbei entspricht in etwa der Adipositastherapie. Eine Gewichtsabnahme soll langfristig über gesunde Ernährung erreicht werden. Hierbei ist eine Rückfallprophylaxe wichtig, um das Gewicht andauernd halten zu können. Dazu können in Gruppentherapien regelmäßige Auffrischtreffen stattfinden. Hilfreich für eine dauerhafte Stabilisation des Gewichts ist auch die Einbindung von sozialen Kontakten. Bei Kindern und Jugendlichen mit T2DM ist es daher äußerst hilfreich, die Familie mit in die Therapie einzubeziehen (Fiedler. 2005, 220). Die Familien sollten hier für einen längeren Zeitraum mit den gleichen Ernährungs- und Lebenseinschränkungen leben, wie der Betroffene. Kindern und Jugendlichen hilft es, in Gruppen Sport zu treiben und sich über ihre Ängste auszutauschen. Viele Kinder und Jugendliche haben Angst, sozial ausgeschlossen zu werden und entwickeln Depressionen. Durch Gruppentreffen können die Betroffenen soziale Kontakte knüpfen. Wichtig ist es, die Wissensvermittlung entsprechend des Alters der Kinder und Jugendlichen zu gestalten und diese nicht zu überfordern (Fiedler. 2005, 216). Patienten sollten des Weiteren verhaltenstherapeutische Selbstkontrolltechniken, zum Beispiel Selbstbeobachtung und Selbstevaluation, erlernen. Regelmäßige Treffen können helfen, die Motivation zu erhalten. Die Wichtigkeit der Therapie sollte durch das Aufzeigen der möglichen Folgeschäden deutlich werden (Fiedler. 2005, 220).

4 Ergebnisse und Interpretation

Die wichtigsten und auch veränderbaren Risikofaktoren für die Entstehung von T2DM sind Adipositas und geringe körperliche Aktivität. Eine länger währende Gewichtsabnahme von 5 % des Körpergewichts kann das Risiko nachweislich senken. Auch für die Therapie von T2DM spielt eine Änderung des Lebensstils eine bedeutende Rolle. Daher sind sektorenübergreifende Maßnahmen für die Schaffung gesundheitsförderlicher Lebensumgebungen unabdingbar. In der Bevölkerung muss ein höheres Problembewusstsein geschaffen werden. Für Kinder und Jugendliche werden spezifische Ansätze zur Lebensstiländerung benötigt. Diese sind erfolgreicher, wenn man Ernährung, Bewegung, soziale Unterstützung und Techniken zur Verhaltensänderung mit einbezieht. Die Prävention der Krankheit durch Abbau des Übergewichts ist kostengünstiger, als die Behandlung. Außerdem geht mit einem Abbau des Übergewichts und somit einem gesünderen Lebensstil auch das Risiko für andere Krankheiten, wie zum Beispiel Erkrankungen des kardiovaskulären Systems zurück (Paulweber. 2010, 48).

5 Fazit

Im Verlauf dieser Hausarbeit wurde deutlich, dass immer mehr und auch jüngere Menschen an T2DM erkranken. Dies geht unter anderem auch mit der stetig steigenden Zahl der Adipösen einher. Um diesen Trend zu verhindern, die Kosten für diese Art von Erkrankungen gering zu halten und generell ein höheres Wohlbefinden zu erreichen, muss die Bevölkerung kollektiv ihren Lebensstil verbessern. Auch die Regierung sollte hier eine größere Rolle einnehmen. Es sollten weniger ungesunde Lebensmittel beworben werden. Gesunde Lebensmittel könnten subventioniert und dadurch zu einem günstigeren Preis angeboten werden. Auch wäre es hilfreich, die Lebensumwelt so zu gestalten, dass eine höhere körperliche Aktivität erzielt wird. Auf der gesamten Bevölkerungsebene muss sich hier etwas tun. Eine gesunde Lebensweise sollte nicht länger nur Aufgabe des Einzelnen sein, sondern Ziel von allen Sektoren. Die Unternehmen, Schulen, Lebensmittelhersteller und Medien müssen ihre Verhältnisse dahingehend ändern, dass eine gesündere Lebensweise möglich wird. Wenn den Kindern und Jugendlichen dies von klein auf beigebracht wird, ist es für sie einfacher, ihr Leben lang gesund und aktiv zu leben. So entstehen weniger Krankheiten und dieses Verhalten wird wiederum auch an nachfolgende Generationen weitergegeben. Der steigende Trend der Anzahl an T2DM und Adipositas-Erkrankten muss unterbrochen werden.

6 Methodik

Vor Beginn der Arbeit musste zunächst ein Thema gefunden werden. Nachdem die Schlagzeile auftauchte, welche besagte, dass ein fünf-jähriger Junge an T2DM erkrankte, war das Interesse für das Thema von T2DM bei Kindern und Jugendlichen schnell geweckt. Es sollten mögliche Gründe für die Entstehung und Präventionsmaßnahmen aufgezeigt werden. Es wurde Literaturrecherche in der Hochschul- und Landesbibliothek Fulda, sowie im Internet betrieben und eine Gliederung erstellt. Die einzelnen Quellen wurden ausgewertet und einem Punkt der Gliederung zugeordnet. Gleichzeitig wurden alle Quellen mit Hilfe von Citavi festgehalten. Danach konnte die Gliederung Punkt für Punkt abgearbeitet und der Text erstellt werden.

7 Zusammenfassung

In dieser Hausarbeit wird zunächst der Trend von T2DM aufgezeigt. Anschließend werden anhand der Risikofaktoren Präventions- und Therapiemöglichkeiten erarbeitet. Hierbei wird sowohl auf das Individuum, als auch auf ganze Bevölkerungsstrukturen und Regierungen als Verantwortliche eingegangen.

8 Summary

This thesis shows the trend of T2DM. Afterwards it explains the prevention and therapy possibilities on the basis of the important risk circumstances. At this juncture the thesis talks about the responsibility of the individual and of the community and government.

9 Literaturverzeichnis

Banzer, W.; Berg, A.; Clever, S.; Gastes, U.; Gruhl, U.; Hauner, H. et al. (2010): Prävention vor Kuration. Gesundheit 2010 - unsere Chance Metabolisch-vaskuläres Syndrom Adipositas Diabetes mellitus Typ 2. In: Deutsche Diabetes-Stiftung (DDS) (Hg.): Diabetes in Deutschland. Fakten - Zahlen, 20 Jahre nach St. Vincent ; Prävention, Prävention vor Kuration. 1. Aufl. München: Ed. Lipp Verl.-Ges.***5105826, S. 259–314.

Bundesärztekammer (BÄK), Kassenärztliche Bundesvereinigung (KBV), Arbeitsgemeinschaft der Wissenschaftlichen Medizinischen Fachgesellschaften (AWMF) (2013): Nationale VersorgungsLeitlinie. Therapie des Typ-2-Diabetes. Kurzfassung. Online verfügbar unter http://www.versorgungsleitlinien.de/themen/diabetes2/dm2_Therapie;, zuletzt geprüft am 31.05.2014.

Danne, T.; Ziegler, R. (2014): Diabetes bei Kinder und Jugendlichen. In: diabetesDE – Deutsche Diabetes-Hilfe (Hg.): Deutscher Gesundheitsbericht Diabetes 2014. Mainz: Kirchheim + Co GmbH, S. 126–135.

Deutsche Diabetes-Stiftung (DDS) (Hg.) (2010): Diabetes in Deutschland. Fakten - Zahlen, 20 Jahre nach St. Vincent ; Prävention, Prävention vor Kuration. 1. Aufl. München: Ed. Lipp Verl.-Ges.***5105826.

Deutsches Institut für Ernährungsforschung Potsdam-Rehbrücke (DIfE) (2007): Deutscher Diabetes-Risiko-Test®. Online verfügbar unter http://drs.dife.de/, zuletzt geprüft am 14.07.2014.

diabetesDE – Deutsche Diabetes-Hilfe (Hg.) (2014): Deutscher Gesundheitsbericht Diabetes 2014. Mainz: Kirchheim + Co GmbH.

Fiedler, Peter (2005): Verhaltenstherapie in Gruppen. Psychologische Psychotherapie in der Praxis. 2., vollst. überarb. Aufl. Weinheim, Basel: Beltz.

foodwatch (2011): EU beschließt neue Kennzeichnungsregeln – Absage an Ampel | foodwatch. Berlin. Online verfügbar unter https://www.foodwatch.org/de/informieren/ampelkennzeichnung/aktuelle-nachrichten/eu-beschliesst-neue-kennzeichnungsregeln-absage-an-ampel/, zuletzt aktualisiert am 01.07.2014, zuletzt geprüft am 14.07.2014.

Franz, M.J. (2001): Medical Nutriton Therapy. What are the unanswered questions? In: T. Wilson und N. J. Temple (Hg.): Nutritional Health. Strategies for Disease Prevention. New Jersey: Human Press, S. 167–193.

H. Hauner, R. Landgraf, J. Schulze, J. Spranger, E. Standl (2005): Prävention des Typ 2 Diabetes mellitus. Positionspapier des Nationalen Aktionsforums Diabetes mellitus. Hg. v. Nationales Aktionsforum Diabetes mellitus. Berlin. Online verfügbar unter https://www.aerzteblatt.de/download/files/2005/04/x0000114739.pdf, zuletzt geprüft am 29.05.2014.

Häussler, B.; Berger, Ursula (2004): Bedingungen für effektive Disease-Management-Programme. Analyse, Bewertung und Lösungsansätze für Qualität und Finanzierung. 1. Aufl. Baden-Baden: Nomos (Beiträge zum Gesundheitsmanagement, Bd. 7).

Holl, R.W.;Wabitsch, M.; Heinze, E. (2001): Typ 2 Diabetes mellitus bei Kindern und Jugendlichen. In: *Monatsschrift Kinderheilkunde* (149), S. 660–669.

Lindström, J.; Neumann, A.; Sheppard, K. (2010): Praxis-Leitlinie "Toolkit" Prävention in Europa Diabetes Typ 2. "Werden Sie aktiv in der Diabetes-Prävention!". In: Deutsche Diabetes-Stiftung (DDS) (Hg.): Diabetes in Deutschland. Fakten - Zahlen, 20 Jahre nach St. Vincent ; Prävention, Prävention vor Kuration. 1. Aufl. München: Ed. Lipp Verl.-Ges.***5105826, S. 125–168.

Nestlé (2013): Ernährung, Gesundheit, Wohlbefinden: Gesundes entdecken, ausgewogen Ernähren. Online verfügbar unter http://ernaehrung-gesundheit-wohlbefinden.blogspot.de/2014/06/gesundes-entdecken-ausgewogen-ernahren.html, zuletzt aktualisiert am 18.06.2014, zuletzt geprüft am 22.06.2014.

Nieber, K. (2014): Typ 2 Diabetes. Die Erkrankung der Wohlstandsgesellschaft. Universität Leipzig. Online verfügbar unter http://www.uni-leipzig.de/~pharm/phfn/OADNieber.pdf, zuletzt geprüft am 31.05.2014.

Paulweber, B.; Valensi, P.; Roden, M. (2010): Europäische Evidenz-basierte Leitlinie Prävention Typ 2 Diabetes. IMAGE-Leitlinie für die Diabetes-Prävention. In: Deutsche Diabetes-Stiftung (DDS) (Hg.): Diabetes in Deutschland. Fakten - Zahlen, 20 Jahre nach St. Vincent ; Prävention, Prävention vor Kuration. 1. Aufl. München: Ed. Lipp Verl.-Ges.***5105826, S. 45–123.

Rathmann, W.; Tamayo, T. (2014): Epidemiologie des Diabetes in Deutschland. In: diabetesDE – Deutsche Diabetes-Hilfe (Hg.): Deutscher Gesundheitsbericht Diabetes 2014. Mainz: Kirchheim + Co GmbH, S. 8–15.

Roden, M. (2004): Diabetes mellitus. Definition, Klassifikation und Diagnose. In: *Acta MedicaAustriaca*(31/5), S. 156–157.

WHO Regional Office for Europe (2006): Europäische Charta zur Bekämpfung der Adipositas. Istanbul. Online verfügbar unter http://www.euro.who.int/__data/assets/pdf_file/0004/87466/E89567G.pdf, zuletzt geprüft am 23.06.2014.

Wilson, T.; Temple, N. J. (Hg.) (2001): Nutritional Health. Strategies for Disease Prevention. New Jersey: Human Press.

World Health Organization (2004): Global strategy on diet, physical activity and health. Online verfügbar unter http://www.who.int/dietphysicalactivity/strategy/eb11344/strategy_english_web.pdf, zuletzt geprüft am 23.06.2014.